I0396211

DESARROLLO DE UNA LÍNEA DE INVESTIGACIÓN CIENTÍFICA EN TORNO A LA COMUNICACIÓN Y ATENCIÓN AL USUARIO EN EL SISTEMA SANITARIO

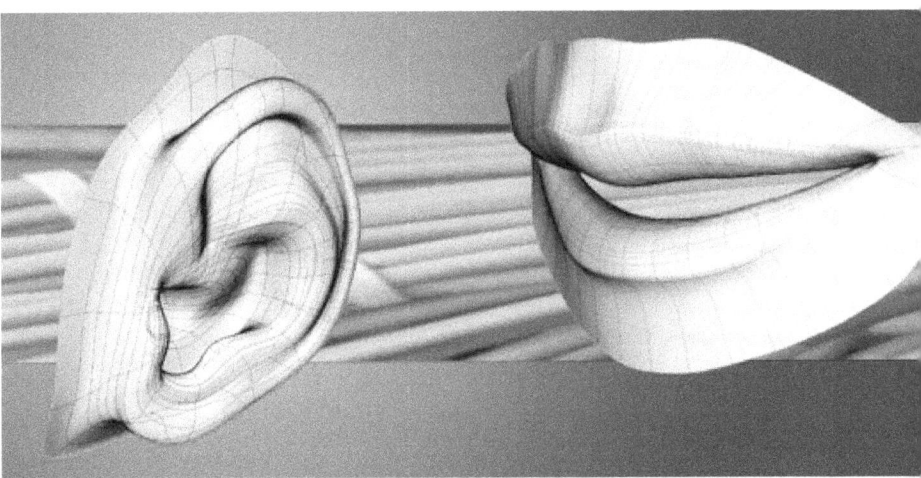

ÍNDICE

- Introducción
- CONCEPTOS FUNDAMENTALES EN LA ATENCIÓN AL USUARIO BASADOS EN SUS EXPECTATIVAS.
- DESARROLLO DE MECANISMOS EFICACES DE COMUNICACIÓN.
- INFORME SOBRE EL PUNTO DE VISTA DEL USUARIO CON RESPECTO A LA CALIDAD Y SATISFACCIÓN EN LA ATENCIÓN RECIBIDA POR EL PERSONAL SANITARIO
- NUEVA ESTRATEGIA EN LA COMUNCACIÓN EFECTIVA: CONGRUENCIA ENTRE LENGUAJE VERBAL Y NO VERBAL.
- 10 IDEAS BÁSICAS PARA LA COMUNICACIÓN CON LO USUARIOS
- COMO UTILIZAR LA TÉCNICA DE ESCUCHAR CON ATENCIÓN Y EMPATÍA
- EL ESTILO ASERTIVO DE COMUNICACIÓN EN LA RELACIÓN CON LOS USUARIOS
- ELEMENTOS QUE DIFICULTAN Y ELEMENTOS QUE FACILITAN LA COMUNICACIÓN CON LOS USUARIOS

Protocolos para lograr una comunicación eficaz con los usuarios en situaciones habituales:

♦La comunicación cara a cara

♦La Comunicación telefónica

♦La Comunicación escrita

Protocolos para lograr una comunicación eficaz con los usuarios en situaciones difíciles:

♦Cómo explicar al usuario las demoras en la atención

♦Qué hacer ante una desprogramación

♦Cómo dar malas noticias

♦Cómo actuar ante una reclamación

♦Cómo recibir una crítica

♦Cómo hacer una crítica

♦Cuando no entendemos lo que nos dice el usuario

♦Cuando el usuario no nos entiende

♦Cómo decir NO

♦Qué hacer ante una situación de agresividad

INTRODUCCIÓN

La mejora de la calidad en la atención al paciente y usuario es un reto muy importante para todos los que trabajamos en el Servicio de Salud por lo general, los usuarios del sistema sanitario público opinan que la calidad "científico-técnica" de los profesionales y de los centros es excelente; sin embargo, la calidad "relacional", (la relación con los técnicos y profesionales del servicio, la comunicación con ellos, la información que se les facilita y cómo se les facilita, la capacidad de escucha, las habilidades para ofrecer consejo o para inducir cambios), no obtiene tan buen resultado. La mayor parte de las quejas y reclamaciones de los pacientes no son debidas a problemas de competencia técnica, sino a problemas de comunicación y la mayoría de las demandas por supuesta mala práctica se deben a problemas en la comunicación.

Lo cierto es que nadie nos ha enseñado a comunicarnos con el público, a establecer una relación positiva y de ayuda, sobre todo en situaciones difíciles. De hecho, estos contenidos temáticos han estado ausentes en la formación académica o profesional de la mayoría de los empleados del Sistema Sanitario. Cada uno de nosotros ha ido aprendiendo con la práctica, con escasas ayudas documentales, y sin guías o protocolos conocidos y contrastados.

Desde hace algunos años, ha venido generalizándose el interés por este tema en todo el mundo, haciendo que se desarrolle una importante línea de investigación científica en torno a la calidad relacional y a la comunicación profesional-usuario en el ámbito de los servicios sanitarios. Esto ha permitido que hoy podamos contar con un buen número de protocolos de actuación para lograr una comunicación efectiva con los usuarios, estableciendo con ellos una correcta relación profesional de cuidado y ayuda.

Es importante señalar que el hecho de lograr una comunicación positiva y eficaz con el paciente es una competencia profesional que se aprende. Suele ser un error bastante extendido pensar que éstas son cualidades innatas. La experiencia ha demostrado que, si bien las cualidades previas ayudan, cualquier persona puede aprender y mejorar sus relaciones personales mediante la formación y las técnicas adecuadas.

Nuestro objetivo es desarrollar una adecuada atención de calidad con el usuario y una guía de actuación ante aquellas situaciones difíciles, donde el profesional y el centro sanitario se ponen a prueba, en esos momentos difíciles, en los que no se sabe bien cómo actuar, o en aquellos en los que hasta ahora los resultados no han sido todo lo buenos que cabría esperar, dispongamos de unos determinados protocolos de actuación, que eviten tener que improvisar y que proporcionen la seguridad de que actuamos correctamente. la calidad percibida por el usuario puede ser cuestionada: bien por el contexto en el que suceden, (estrés, demoras, masificación...), bien por el tema de que se trata (decir no a una petición imposible), o bien por la actitud del propio paciente, (Ansiedad, miedo, agresividad...).

Al mismo tiempo, queremos contribuir a marcar un estilo determinado en la relación profesional-usuario en el Sistema Sanitario, un estilo coherente y compartido en toda la organización, que refleje el nivel de calidad de los servicios sanitarios, que sea señal de la consideración y el respeto hacia el paciente y sus familiares y que ponga de manifiesto que en los centros sanitarios públicos la atención al usuario constituye una de las prioridades.

CONCEPTOS FUNDAMENTALES EN LA ATENCIÓN AL USUARIO BASADOS EN SUS EXPECTATIVAS.

♦**ACCESIBILIDAD**: Facilidad de entrar en contacto con el servicio o los profesionales, facilidad de acceso físico y telefónico. Es un componente de la calidad de los servicios sanitarios. Incluye aspectos como el horario y los tiempos de espera.

♦**ACTITUD**: disposición de una persona hacia algo o alguien. Es parecido al estilo y ambos pueden ser modificados.

♦**ATENCIÓN PERSONALIZADA**: Consiste en un modo de atención en el que cada persona es atendida de manera singular e individualizada, en función de sus características propias y sus problemas personales.

♦**ASERTIVIDAD**: Estilo de comunicación que emplean aquellas personas capaces de exponer sus puntos de vistas de forma flexible, abierta, siendo amable y considerado con las opiniones de los demás, mostrando empatía y capacidad negociadora.

♦**CALIDAD**: propiedad atribuida a un servicio, actividad o producto que permite apreciarlo como igual, mejor o peor que otros. Es el grado en que un servicio cumple los objetivos para los que ha sido creado. La satisfacción de los usuarios es un componente importante de la calidad de los servicios.

♦**CALIDAD PERCIBIDA**: Básicamente consiste en la imagen o el concepto de la calidad de un servicio que tienen sus usuarios. Incluye aspectos científico-técnicos, (fiabilidad, capacidad de respuesta, competencia profesional...), aspectos relacionados con la relación y comunicación con los profesionales, (trato, amabilidad, capacidad de escucha, empatía, interés...) y aspectos sobre el entorno de la atención, (Ambiente, decoración, comida, limpieza, ...).

♦**CAPACIDAD DE RESPUESTA**: Hacer las cosas a su tiempo. Agilidad de trámites. Es un componente de la calidad de los servicios sanitarios.

♦**COMPETENCIA**: Capacidad y aptitud para realizar una tarea o desempeñar unas funciones de manera correcta y adecuada. Es un componente de la calidad de los servicios sanitarios.

♦**CONFIDENCIALIDAD**: Es una característica de la relación profesional usuario que asegura la intimidad y el secreto de la información que se genera en el proceso asistencial.

♦**EMPATÍA**: Es la capacidad de ponernos en el lugar de la otra persona y transmitírselo, para que sepa que comprendemos su situación. Es uno de los rasgos de los profesionales de las instituciones sanitarias más valorados por los usuarios.

♦**EXPECTATIVAS**: Se refiere a aquello que los usuarios esperan encontrar cuando acuden a alguno de los Centros. Las expectativas se conforman a través de las experiencias previas o del conocimiento de las experiencias de otras personas; también se forman por lo que dicen los medios de comunicación, así como por los mensajes que transmiten los profesionales sanitarios o los servicios de salud. Es muy importante no generar falsas expectativas, ya que ello puede provocar frustración e insatisfacción de los usuarios.

♦ **FIABILIDAD**: Hacer las cosas bien a la primera. No cometer errores.

Es un componente de la calidad de los servicios sanitarios.

♦**GARANTÍA**: Acción y efecto de asegurar lo estipulado.

♦**MEJORA**: Acciones encaminadas a incrementar la calidad de los servicios y, por tanto, a incrementar la satisfacción de los profesionales y de los usuarios.

♦**ORIENTACIÓN AL USUARIO/ PACIENTE/ CLIENTE**: Se refiere a la forma en que están organizados los servicios. Los servicios prestados por el Sistema Sanitario, deben adaptarse a las necesidades e intereses de sus usuarios.

♦**PERCEPCIÓN**: Son las conclusiones que obtienen los usuarios sobre la forma en que se le prestan los servicios. Manera de sentir el servicio prestado.

♦**SATISFACCIÓN**: Estado en el que se encuentran los usuarios cuando al prestarles un servicio determinado quedan cubiertas sus expectativas, o incluso se les da algo más de lo que ellos esperaban encontrar.

DESARROLLO DE MECANISMOS EFICACES DE COMUNICACIÓN.

El grado de aceptación y legitimidad de un Servicio Sanitario Público está en función de su receptividad y capacidad de respuesta a las demandas y necesidades de la población a la que presta sus servicios.

Por lo que se refiere al SISTEMA SANITARIO , el primer paso para el desarrollo de esta receptividad, y por tanto para orientar los servicios hacia el usuario, es que los que trabajamos en el mismo dejemos de pensar "en el usuario" y comencemos a pensar "como el usuario".

Estar orientado hacia el usuario significa comprender a las personas, ponerse en su lugar, entender sus necesidades y sus demandas, llegando incluso a veces a identificarse con ellas. Para esto se hace necesario:

♦"Redescubrir" a los usuarios del Servicio de Salud.

♦Ser conscientes de que no todos los usuarios son iguales y que por lo tanto, es necesario tratarlos de forma diferente y personalizada.

♦Definir y diseñar los servicios en función de sus necesidades.

♦Adaptar la cultura de la organización hacia esos fines.

Para ello, el SISTEMA SANITARIO debe desarrollar y, en su caso, potenciar, una cultura corporativa, unos mecanismos eficaces de comunicación interna y externa, la tecnología suficiente como herramienta al servicio de los usuarios, el establecimiento de políticas adecuadas de motivación para los empleados, el interés por la formación y la evaluación de los distintos servicios de atención al usuario, ...etc.

La orientación hacia el usuario supone además una actitud dinámica de búsqueda de información sobre lo que piensan y opinan los usuarios respecto de los servicios que se les presta. Y supone también que seO F I C D E A está dispuesto a cambiar, en función de las opiniones que den las personas a las que atendemos.

Cada una de las Unidades o Servicios de las organizaciones sanitarias orientadas hacia sus usuarios deberán estar en condiciones de conocer:

♦Lo que esperan los usuarios del servicio.

♦Cómo perciben los usuarios el servicio recibido.

♦Los segmentos de usuarios más exigentes con el servicio.

♦La medida en que los servicios responden a las demandas de los distintos segmentos de usuarios.

♦El "posicionamiento" de la Unidad respecto a otras Unidades de las mismas características, teniendo como referencia las valoraciones y la opinión de los usuarios.

♦Cómo redefinir continuamente el servicio en términos de beneficios para los pacientes/usuarios/clientes.

INFORME SOBRE EL PUNTO DE VISTA DEL USUARIO CON RESPECTO A LA CALIDAD Y SATISFACCIÓN EN LA ATENCIÓN RECIBIDA POR EL PERSONAL SANITARIO

La satisfacción de los usuarios es una dimensión muy importante de la calidad de cualquier servicio público, y en concreto de los servicios sanitarios.

Los criterios de calidad de los servicios que prestamos vienen determinados en gran medida por las percepciones de los usuarios.

Por lo tanto, debemos conocer su opinión sobre cómo realizamos nuestro trabajo y la forma en que podría mejorarse.

Todos los profesionales del Servicio de Salud hemos de ser conscientes de que, los usuarios se considerarán satisfechos cuando:

♦Creen que el personal se ha preocupado para que no tuviese que esperar mucho tiempo para ser atendidos/as.

♦Consideran que se les permite exponer adecuadamente su problema.

♦Creen que el personal ha sido honesto y sincero con ellos/ellas.

♦Se les informa con palabras sencillas y comprensibles.

♦Creen que el personal se preocupa en comprobar si ha entendido correctamente lo que se le decía.

♦Les ha inspirado confianza el personal que les ha atendido.

♦Los ejemplos que se les han dado resultaban cercanos y tenían que ver con ellos/ellas.

♦Acaban sabiendo cómo actuar y qué hacer para solucionar su problema.

♦ Consideran que se les ha dedicado el tiempo que requería su caso.

♦Creen que el tiempo que han tenido que esperar para ser atendidos/as ha merecido la pena.

♦Creen que han sido tratados con respeto y consideración.

♦Les han explicado todo lo que deseaban saber.

♦Creen que han sido tratados igual que otros/as usuarios/as.

♦Saben cómo les pueden afectar y qué efectos pueden producirles los tratamientos a los que deben someterse para resolver su problema.

♦Consideran que el personal que les ha atendido es competente y está suficientemente cualificado.

♦Después de esa experiencia prefieren ir a un centro público antes que a uno privado.

NUEVA ESTRATEGIA EN LA COMUNCACIÓN EFECTIVA: CONGRUENCIA ENTRE LENGUAJE VERBAL Y NO VERBAL.

La comunicación es un elemento que va inevitablemente asociado al comportamiento de las personas. Comunicamos no sólo con nuestras palabras, sino también con la forma en que las decimos y con la manera en que actuamos: es imposible no comunicarse.

Esta cuestión cobra una máxima importancia en las instituciones sanitarias, ya que las personas que acuden a ellas lo hacen porque tienen un problema de salud que no pueden resolver por sí mismas y depositan su confianza en otras personas para que lo hagan por ellas.

En este contexto, todas nuestras acciones se convierten en mensajes para los usuarios. No siempre somos conscientes de que estamos emitiendo estos mensajes y mucho menos de lo que puedan estar interpretando los usuarios. Sin embargo, tienen un enorme valor para ellos.

Por ejemplo, cuando respondemos a una pregunta con una palabra técnica que el usuario no comprende, su interpretación puede realizarse en el sentido siguiente: *"no desea que me* entere de lo que ocurre..."; "no le debe importar mucho mi caso, ya que ni siquiera se ha molestado en intentar que comprenda la respuesta que me ha dado...".

Todos los profesionales del Sistema Sanitario debemos adoptar estrategias de comunicación apropiadas y distintas, en función de las características de los usuarios, de forma que consigamos adaptarnos continuamente a sus requerimientos y necesidades de información.

CONCLUSIONES BASADAS EN LA PERCEPCIÓN DEL USUARIO PARA LA MEJORA EN LA COMUNICACIÓN.

1. No existe la no comunicación. Un centro, una Unidad o Servicio, un profesional, etc., están comunicando desde el momento en que el usuario entra en contacto visual o auditivo con él. Es **imposible no comunicarse**, de aquí que sea necesario planificar adecuadamente la comunicación institucional, organizacional, grupal e individual, para asegurar su eficacia.

"El **silencio** no es rentable", porque "el silencio **da que hablar**" y "lo que uno no diga, **lo dirán otros**"...y probablemente no en el sentido que uno desearía.

2. Cuando existen problemas de comunicación la **responsabilidad es del emisor**. La modificación de las posibles alteraciones ocurridas en el proceso de comunicación siempre deben partir del emisor, en este caso del prestador del servicio.

Recordar las siguientes dos leyes básicas de la comunicación:

♦Lo **"verdadero"** no es lo que dice el emisor, sino lo que **entiende el receptor**.

♦La **responsabilidad** de una correcta comunicación **es del emisor**.

3. Ninguna empresa tiene un sólo tipo de cliente, sino distintas clases de clientes. Lo mismo ocurre con las instituciones sanitarias: prestan servicios a **diferentes tipologías de pacientes**, por lo que deberá contar con **estrategias de comunicación distintas** para cada uno de ellos.

4. Un servicio orientado hacia sus usuarios se **adapta continuamente a la demanda**. No funciona con patrones rígidos de comunicación, y revisa continuamente los efectos de sus acciones, para conocer si responde satisfactoriamente a las demandas planteadas.

5. En relación con el punto anterior, en la comunicación es imprescindible **utilizar mecanismos de retroalimentación**. De no hacerlo así, no se podrá conocer si el servicio cumple los objetivos para los que ha sido creado.

6. Evitar el uso de tecnicismos es fundamental para facilitar la comprensión del mensaje por parte del receptor.

7. Los **mensajes** para la comunicación eficaz han de ser **cortos, directos y concisos**. Cualquier mensaje que exceda de veinte segundos puede considerarse como un mensaje largo.

Es decir, hay que simplificar para comunicar: todo mensaje debiera ser **b**reve, **e**specífico, **s**encillo, **o**rdenado, **s**ugerente *(acrónimo: besos).*

8. Aproximadamente un 75% de la información que se procesa se lleva a cabo a nivel visual. Esto significa que la conducta no verbal adquiere en la comunicación, como mínimo, igual relevancia que la conducta verbal. La adecuada **utilización de la conducta no verbal** se correlaciona con la valoración de competencia social.

9. En la comunicación se hace realidad la siguiente máxima: **"ser amable es rentable"**. Este principio se refiere al talante a la hora de abordar las demandas de los usuarios en el sentido de "servicialidad", no en el de servilismo ni actitudes artificiales.

Numerosas investigaciones psicológicas han puesto de manifiesto la importancia y utilidad de mantener un cierto *"sentido escénico"* de la atención al cliente.

10. La **comunicación** eficaz debe asumirse **como una actitud** que se pone en práctica día a día. De hacerlo así, impregnando la cotidianidad del funcionamiento de las instituciones sanitarias, se convierte en uno de los aspectos más valorados por los usuarios.

COMO UTILIZAR LA TÉCNICA DE ESCUCHAR CON ATENCIÓN Y EMPATÍA.

La capacidad de escucha es un elemento esencial del proceso de comunicación y, por tanto, de la atención de los usuarios.

Esta capacidad de escucha se refiere, básicamente, al grado en que los usuarios perciben que somos capaces de ponernos en su lugar, que comprendemos lo que nos están exponiendo y que sabemos cómo se sienten.

Además, resulta muy útil y eficaz mantener una actitud de escucha "activa", es decir, demostrar al usuario que le hemos entendido perfectamente, que nos hemos enterado bien de su problema. Es muy útil, sobre todo en aquellas situaciones en las que hay que decir NO, en las que no se puede acceder a una petición. En estos casos, la escucha activa minimiza las posibles reacciones negativas del usuario.

Para **ESCUCHAR ACTIVAMENTE** es necesario:

1. Dejar de hablar. Si se está hablando no se puede escuchar.

2. Conseguir que el interlocutor **se sienta con confianza.** Hay que ayudar a la persona a que se sienta libre para expresarse. Para conseguirlo puede ayudar el ponerse en su lugar, es decir, establecer una relación de empatía.

3. Demostrar al interlocutor que se está **dispuesto a escucharle**, manifestándole claramente nuestro interés y escuchándole para tratar de entenderle y no para oponernos.

4. Eliminar las posibles distracciones, (interrupciones, llamadas telefónicas, puertas abiertas, etc.).

5. Ser paciente. No interrumpirle y tomarnos el tiempo necesario.

6. Conducir la conversación, sin interrumpirle. Para ello, suele ser útil resumir, preguntar y parafrasear.

7. Dominar nuestras emociones. Una persona enojada siempre malinterpreta las palabras.

8. Evitar criticar y argumentar en exceso, ya que esto situaría a nuestro interlocutor a la defensiva, conduciéndole probablemente a que se enoje o se calle.

9. Preguntar cuanto sea necesario. Además de demostrar que le estamos escuchando, le ayudaremos a desarrollar sus puntos de vista con mayor amplitud.

10. De nuevo **dejar de hablar**: ésta es la primera y la última de las recomendaciones y de la que dependen todas las demás.

EL ESTILO ASERTIVO DE COMUNICACIÓN EN LA RELACIÓN CON LOS USUARIOS

Existen distintas formas de relación y de comunicación entre las personas. Simplificando, podríamos hablar de 3 estilos de comunicación:

◆**Estilo agresivo de comunicación**: lo presentan aquellas personas que provocan en los demás respuestas de defensa y de ataque. A veces, ni ellos mismos tienen conciencia de estos efectos. No suelen tener en cuenta los sentimientos de los otros y presentan poca capacidad de empatizar.

Algunas personas piensan que, en una situación hostil, un estilo de comunicación agresivo consigue "mantener en su sitio" al contrario.

Nada más lejos de la realidad: el estilo agresivo genera agresividad y el resultado final es una escena de violencia y, sobre todo, de pésima imagen para el que la contempla.

◆**Estilo pasivo de comunicación**: lo manifiestan personas con dificultades para negarse a las peticiones de los demás, aunque éstas no estén justificadas. Suelen anteponer los deseos de los otros a los suyos propios, encontrando serias barreras a la hora de hacer una legítima defensa de sus derechos.

En ocasiones, este estilo pasivo e inseguro puede generar en el público un comportamiento agresivo en personas que piensan que, si presionan con violencia, pueden conseguir lo que desean.

◆**Estilo asertivo de comunicación**: las personas que se comunican de forma asertiva exponen sus puntos de vista al tiempo que toman en cuenta los de los demás; se sitúan en el lugar del otro y transmiten esta capacidad empática. Entienden que la comunicación es cosa de dos y realizan sus planteamientos desde una posición abierta y flexible. Son valoradas positivamente por los demás, incluso a pesar de que no accedan a lo que no consideran justo.

Ser asertivo consiste en demostrar firmeza y seguridad, respetando al otro y teniendo en cuenta sus puntos de vista y sus planteamientos.

Se trata de decir lo que pensamos, lo que queremos que suceda, sin sentirnos mal por decirlo y sin hacer que se sienta mal el otro.

Los profesionales del Sistema Sanitario deben tratar de comunicarse de forma asertiva con los usuarios, ya que es la forma más eficaz de conseguir que dicha comunicación sea positiva.
Ser asertivo y comunicarse de esta forma con el público significa que:

a) Exponer nuestros puntos de vista, al tiempo que tomamos en cuenta los de los demás;

b) Situarnos en el lugar del otro y transmitir esta capacidad empática.

c) Entender que la comunicación es cosa de dos y realizar nuestros planteamientos desde una posición abierta y flexible.

d) Ser capaces de decir y de plantear lo que pensamos, opinamos y queremos.

e) Conseguir negociar y llegar a acuerdos viables.

f) Proteger nuestra autoestima y respetar a los demás.

g) Tener confianza y seguridad en nosotros mismos, y ser positivos.

h) Comportarnos de forma madura y racional.

Un profesional asertivo trata a los usuarios con respeto a sus derechos y necesidades, lo cual no quiere decir ser servil ni dominante.
Además, un profesional asertivo se trata a sí mismo también con respeto: es capaz de decir lo que quiere y lo que piensa, es capaz de dar su opinión y de negarse a algunas peticiones: "**el usuario no siempre tiene razón, pero hay que permitirle que se equivoque con dignidad**".

Para ser asertivo en la relación con el usuario, y en general con cualquier persona, es necesario:

1. Escuchar activamente, es decir, demostrar a la otra persona que nos hemos enterado de lo que nos ha contado.

2. Decir lo que pensamos o lo que opinamos.

3. Decir lo que queremos que suceda.

Algunas técnicas asertivas que pueden resultar de utilidad en la relación con los usuarios del SISTEMA SANITARIO.

♦ **TÉCNICA DEL "DISCO RAYADO"**

Consiste en **repetir un mensaje** hasta que comprobamos que se ha entendido o aceptado.

Es útil cuando la otra persona no quiere aceptar la solución o alternativa que se le plantea y no se tiene otra que ofertar.

La repetición del mensaje, (aquello que se puede ofrecer o aquello que no se puede), ayuda a "no perder los papeles" y a mantener el autocontrol.

Al mismo tiempo, refleja la firmeza y seguridad de la repuesta del profesional.

Es importante no salirse del tema y no entrar en los posibles ataques personales o descalificaciones.

Recordar que tenemos derecho a no contestar a todo.

Ej: "Comprendo su molestia por tener que esperar, no obstante no es posible resolverlo ahora. Es necesario que espere hasta que tengamos estos datos; no podemos resolverlo ahora. Tendrá que esperar unos días..."

◆EXPRESIÓN DE SENTIMIENTOS NEGATIVOS

No decir las cosas que nos molestan crea resentimiento y a veces desemboca en agresividad.

Para decir lo que nos molesta o no nos gusta:

1. Decir cómo nos sentimos
2. Decir lo que provocó que nos sintiéramos así.
3. Decir lo que desearíamos que ocurriera en el futuro o la próxima vez.

Ej: *"Cada vez que nos dice usted que en la medicina privada no pasa esto, me siento muy molesta y enfadada, porque creo que no es así, y estamos haciendo todo lo que podemos. Le agradecería que la próxima vez valorase algo más todo lo que hemos conseguido hasta aquí..."*

◆TÉCNICA DEL "BANCO DE NIEBLA"

Se utiliza en situaciones de agresividad, cuando la otra persona está tan enfadada que no quiere ni oír los argumentos que se le exponen.

Consiste en hacer algo inesperado por la otra persona. Ese algo puede ser manifestar un acuerdo parcial con sus críticas, aceptar la parte de verdad de la crítica. Esto hace que "baje la guardia" y que puedas intervenir entonces con tus argumentos o razones.

Es importante mostrarse de acuerdo sólo en aquello que pueda o desée hacerlo. No en todo, porque si lo hiciéramos así, perderíamos nuestro margen de negociación o para poder manifestar desacuerdo.

Ej: *"Es verdad que se lo debería haber dicho antes, sin embargo..." "Es cierto que, como usted señala, en las últimas semanas el teléfono no para de sonar, no obstante..."*

◆ACLARACIÓN ANTE OPINIONES CONTRADICTORIAS

Esta técnica de asertividad ayuda a aclarar algunas expectativas de los usuarios respecto a lo que se va o no a hacer.

Es muy útil para evitar equivocaciones o malentendidos.

Ayuda a algunas personas a aclararse consigo mismas. Les hace ver sus propias contradicciones, sin que por ello se sientan acusadas ni censuradas.

Ej: "Me ha dicho usted que prefiere venir al Centro con su padre para ponerle la vacuna, porque así sale de casa, y ahora se queja de que no vayan a ponérsela a su domicilio. Me gustaría que aclarásemos esto"

En toda comunicación es fundamental lo que se dice, pero también cómo se dice. La forma en que se dice un mensaje resulta, a veces, más importante incluso que el propio mensaje.

♦PRINCIPALES ELEMENTOS QUE INFLUYEN EN LA COMUNICACIÓN VERBAL

Algunos elementos tienen una notable influencia en la manera en que las personas perciben la forma en que nos dirigimos a ellas. Pueden citarse:

♦**Mirada**: Fundamentalmente la mayoría de las interacciones sociales dependen de ella. Actúa simultáneamente como emisor y como receptor. Las personas con mayores habilidades sociales y de comunicación miran a los ojos de su interlocutor mientras hablan y mientras escuchan. Cuando alguien no nos mira a los ojos mientras nos está hablando, automáticamente comenzamos a pensar cosas tales como que está nervioso, le falta confianza en sí mismo,...etc. Además, la mirada es una potente señal de escucha: difícilmente se siente uno escuchado si mientras habla no le miran.

♦ **Expresión facial**: La cara es el principal sistema de señales para expresar emociones. Es el área más importante y compleja de la conducta no verbal y la parte del cuerpo que más cerca se observa durante la interacción, además de ofrecer retroalimentación sobre los efectos que nos produce lo que está diciendo la otra persona. Las personas con mayores habilidades sociales reflejan una correlación entre su expresión facial y el mensaje que están intentando comunicar.

♦**Postura corporal**: Existen diferentes posturas que reflejan distintas actitudes y sentimientos sobre nosotros mismos y sobre los demás. Obviamente dependerá de la situación concreta, pero en términos generales puede decirse que la postura más eficaz desde el punto de vista de la comunicación es la postura de acercamiento: inclinando hacia delante el cuerpo. Una postura activa y erguida, dando frente a la otra persona directamente, añade más asertividad al mensaje.

♦**Gestos**: Se han hallado correlaciones positivas entre los gestos y la evaluacion de las habilidades sociales. Acentuar el mensaje con gestos apropiados puede añadir énfasis, franqueza y calor al mismo. Unos movimientos desinhibidos sugieren espontaneidad y seguridad en uno mismo.

♦**Movimiento de las piernas/pies**: Cuanto más lejos esté de la cara una parte del cuerpo, menos importancia se le otorga desde el punto de vista de la comunicación. Agitar rítmicamente los pies puede interpretarse como un deseo de marcharse, de abandonar la situación. Igual ocurre cuando se cambia la posición de las piernas.

♦**Automanipulaciones**: Se realizan de forma inconsciente y aumentan con la incomodidad psicológica, el nerviosismo y la ansiedad. No tienen ninguna finalidad comunicativa y producen un efecto negativo en el interlocutor.

♦**Distancia-Proximidad**: En todas las culturas existen una serie de normas implícitas referidas a la distancia permitida entre dos personas que hablan. Todo lo que exceda o sea menor de esos límites, provocará actitudes negativas.

♦**Contacto físico**: El contacto apropiado dependerá del contexto particular, de la edad y de la relación entre la gente implicada.

♦**Apariencia personal**: Cuando una persona se viste de una manera particular sugiere y anticipa la clase de situación en la que espera encontrarse implicada. Está definiendo la situación por su apariencia, influyendo así en el comportamiento de los demás.

♦**Movimientos de cabeza**: Cuando se vuelve la cabeza hacia un lado, sea por el motivo que sea, el resultado siempre es un corte en las señales visuales de nuestro interlocutor. Asentir con la cabeza juega un importante papel en la interacción.

♦**Volumen de voz**: Por lo general un volumen bajo sugiere e indica seguridad y dominio. Los cambios en el tono y volumen de voz se utilizan para enfatizar puntos; una voz que varía poco en volumen no es muy interesante de escuchar. Hay que asegurarse siempre de que nuestra voz llega a un potencial oyente.

♦**Fluidez/Perturbaciones del habla**: Pueden causar una impresión de inseguridad, incompetencia, poco interés o ansiedad. Algunos ejemplos son: existencia de muchos silencios en el discurso, empleo excesivo de palabras de relleno durante las pausas, repeticiones, tartamudeos, pronunciaciones erróneas, omisiones y palabras sin sentido.

♦**Claridad del habla**: Farfullar palabras, arrastrarlas al hablar, un acento excesivo, hablar a borbotones, etc., son algunos ejemplos de patrones de habla que pueden resultar desagradables para el oyente.

♦**Velocidad del habla**: Un habla muy lenta puede provocar impaciencia y aburrimiento. Por el contrario, un habla muy rápida puede generar dificultades para entender el mensaje. Cambiar el ritmo, (por ejemplo, introducir una pausa), hace la conversación más interesante.

♦**Retroalimentación**: El que habla necesita saber si los que le escuchan comprenden lo que dice, si están de acuerdo, si le desagradan... Existen tres tipos de retroalimentación:

1. Retroalimentación de atención: mirando más del 50% del tiempo, distancia apropiada, postura correcta, asintiendo con la cabeza, emitiendo afirmaciones verbales,...

2. Retroalimentación refleja: consiste en proyectar el significado del contenido del que habla. Es vista como empática y reforzante.

3. Expresando sorpresa, diversión, agrado, etc., tanto a nivel verbal como no verbal.

ELEMENTOS QUE DIFICULTAN Y ELEMENTOS QUE FACILITAN LA COMUNICACIÓN CON LOS USUARIOS

En la comunicación verbal existen palabras y formas de expresión que generan en quien las oye sentimientos de rechazo y desagrado

(DIFICULTADORES DE LA COMUNICACIÓN) o, por el contrario, que provocan una actitud positiva en el receptor (ELEMENTOS FACILITADORES DE LA COMUNICACIÓN).

Entre los primeros destacan por su virulencia:

♦ACUSACIONES:

"No ha seguido usted las recomendaciones que le hice. La culpa es suya".

"Ya se lo advertí, y no hizo usted caso..."

♦AMENAZAS:

"Es la última vez que se lo digo".

"Si no sigue usted mis indicaciones..."

♦EXIGENCIAS:

"Mañana, sin falta, me trae usted los datos que le estoy diciendo".

♦GENERALIZACIONES:

"Nunca cumple nada de lo que acordamos".

"Siempre pone usted las mismas pegas".

♦MENOSPRECIO:

"Su problema no tiene importancia. ¡Si supiera usted los problemas que tienen otros"

♦UTILIZACIÓN DEL SARCASMO O LA IRONÍA:

"¡Qué sorpresa! No sabía que usted también fuera médico/a (enfermero/a, etc.)

♦ETIQUETAS:

"Éste es de los que siempre está quejándose".

"Ya verás como acaba diciendo que no. Tiene toda la pinta".

Lo más importante, además de reconocer que este tipo de expresiones dificultan la comunicación, es conocer otras que la facilitan. Esto es lo interesante: se puede decir todo lo que pensamos, sin dificultar la comunicación. Es más, se pueden utilizar palabras y formas de expresión que, al oírlas, generan en el receptor una actitud positiva hacia quien las dice.

ELEMENTOS FACILITADORES de la comunicación:

♦HABLAR EN PLURAL: Indica que participamos del problema o de la solución del mismo. Sólo debe utilizarse cuando queramos demostrarlo. Hay temas en los que no debemos implicarnos.

♦DECLARAR AGRADO O DESAGRADADO: De esta forma se personaliza el mensaje y adquiere más fuerza.

"Me gustaría que pensase usted en lo que le he comentado"

"No me gusta que diga que todo está mal. Estamos intentando ayudarle. No siempre salen las cosas como queremos"

♦HABLAR EN PRIMERA PERSONA: Al hacerlo, implícitamente dejamos a la persona un margen para disentir u opinar de otra forma. Es un facilitador muy importante.

"En mi opinión, esto no me parece muy acertado", en vez de: *"Esto no es muy acertado"*

"Yo creo que su familia lleva razón", en vez de *"Su familia lleva razón"*

♦HABLAR EN POSITIVO: Tiene más capacidad de convicción y de motivación que hablar en negativo.

"Es necesario que llegue más temprano" en vez de *"Es necesario que no llegue tan tarde"*

- **PEDIR LAS COSAS POR FAVOR**: Éste es un facilitador universal y cuando se utiliza en los centros sanitarios se genera un efecto sorpresa positivo en el público.

- **EXPLICAR EL PORQUÉ DE LAS COSAS**: De esta forma es más fácil convencer a las personas de que hagan o no hagan algo.

- **EMPATIZAR, PONERSE EN EL LUGAR DEL OTRO**: Y decirlo, no sólo pensarlo. De esta forma hacemos ver a la otra persona que entendemos su problema y que, por tanto, la solución que le ofrecemos tiene en cuenta sus circunstancias. Es una forma de personalizar la atención y que el usuario perciba un trato individualizado.

    "Entiendo que le resulte difícil seguir esta dieta".

- **PREGUNTAR:**

    ¿Podría levantarse un momento para que le hagamos la cama?

    ¿Me puede dar sus datos, por favor?

- **MOSTRARSE PARCIALMENTE DE ACUERDO CON LOS ARGUMENTOS DE LA OTRA PERSONA.** Esta es una técnica muy útil cuando la persona con la que hablamos está enfadada o no quiere entender. Al darle la razón en parte, (y sólo en aquello en que podamos hacerlo), la persona baja sus defensas, porque no se lo esperaba, y es el momento de intentar convencerla y razonar con ella.

    "Estoy de acuerdo con usted en que los trámites son lentos. Lleva usted razón. Sin embargo, no está en nuestras manos poder adelantarlos."

    "Es cierto que hay muchas personas y que tendrá que esperar un rato. No obstante, le agradecería que comprenda que hacemos todo lo posible por evitar que la espera sea muy larga."

- **UTILIZAR EL CONDICIONAL.** Esta fórmula convierte una imposición en una sugerencia.

    "Debería usted caminar todos los días un rato", en vez de *"Tiene usted que caminar todos los días un rato"*

Protocolos para lograr una comunicación eficaz con los usuarios en situaciones habituales:

LA COMUNICACIÓN CARA A CARA

La calidad de la comunicación entre el profesional sanitario y el usuario está en relación directa con los resultados positivos que se pueden obtener de ese encuentro, tanto sanitarios como de otro tipo.

Los siguientes aspectos constituyen una guía general de actuación para mejorar la calidad de la comunicación entre los profesionales y los pacientes/usuarios en circunstancias normales, tanto en el ámbito de la consulta, de la unidad de hospitalización, del servicio de atención al usuario o del domicilio del paciente. Las situaciones conflictivas, tanto por el problema a abordar, como por la actitud del usuario o por el contexto en el que suceden, serán tratadas en capítulos posteriores.

Para lograr una comunicación eficaz y de calidad con el usuario es necesario:

1. Saludar, identificarse y presentarse. El usuario debe saber con quien está hablando en cada momento.

2. Siempre que sea posible, mantener la entrevista sentados.

3. Dejar hablar al interlocutor, preguntarle, pedirle opinión.

4. Conducir la conversación sin cortar: Para ello, se puede resumir, preguntar o parafrasear.

5. Escuchar activamente. Es decir, demostrar que se está escuchando y entendiendo al usuario.

6. Mirar a los ojos.

7. Proporcionar información de forma anticipada, sistemática y de todos los aspectos relacionados con su situación:

♦ Hablar en lenguaje adaptado a las características del oyente.

Evitar la terminología y el lenguaje técnico.

♦Ordenar las ideas y mensajes.

♦Utilizar mensajes cortos y simples.

♦Recordar que el exceso de información dificulta la comunicación.

♦No divagar ni dar rodeos: "Ir al grano".

♦No mezclar temas.

♦Poner ejemplos cercanos a la persona con la que se habla.

♦Hablar en positivo.

♦Repetir las ideas más importantes.

♦Y preguntar al usuario/paciente si nos ha entendido, si le quedan dudas, si quiere saber algo más. Es muy importante estar seguros de lo que el paciente ha captado.

8. Mostrar interés y preocupación por los problemas y necesidades del usuario, tanto las verbalizadas como las que no se expresan verbalmente.

9. Asumir la comunicación como una actitud y como una capacidad que se puede aprender.

10. Promover la participación del/ de la paciente en la toma de decisiones. Enfatizar el carácter de diálogo y acuerdo. Preguntarle, pedirle opinión.

11. Utilizar apoyos visuales siempre que sea posible. Cualquier información, sI además de oírla se ve, aumenta el potencial de comprensión y recuerdo.

12. Despedirse dejando claro en qué se queda, qué tiene que hacer el usuario la próxima vez, dónde tiene qué dirigirse, con qué persona debe o puede ponerse en contacto, etc.

Protocolos para lograr una comunicación eficaz con los usuarios en situaciones habituales:

LA COMUNICACIÓN TELEFÓNICA

El teléfono es un medio de comunicación cada vez más utilizado, ya que permite al usuario acceder a cualquier servicio de forma sencilla y rápida, con independencia de la distancia que le separe. La atención telefónica prestada desde un Servicio de Salud juega un papel de primer orden en la imagen que los usuarios se forman acerca del mismo. Por ello es de suma importancia ofrecer a través del teléfono una imagen profesional, eficaz y moderna, y con una alta calidad en el trato personal.

Atender el teléfono es una habilidad que se aprende. Poniendo en práctica algunas de las pautas que se describen a continuación y mostrando interés, los resultados pueden ser sorprendentes:

1.- ¿CÓMO UTILIZAR LA VOZ ANTE EL TELEFONO?

"La voz que oye el usuario es la cara que se muestra y por tanto la imagen que se forma de la organización".

A. -Adaptar el tono de voz a las diferentes circunstancias:

♦ **En la toma de contacto de la llamada** debe adoptarse un tono cálido y acogedor.

♦ **Para detectar necesidades** ha de emplearse un tono que denote interés y escucha activa.

♦ **Si estamos argumentando** usaremos un tono que demuestre conocimiento del tema y seguridad.

♦ **Si deseamos persuadir al usuario** emplearemos un tono sugerente que invite a la acción.

♦ **Cuando nos veamos obligados a poner objeciones** utilizaremos un tono más bien bajo, pero sincero y convincente.

♦ **Ante cualquier reclamación** debe utilizarse un tono conciliador y tranquilizante.

B.- Variar la velocidad de elocución o habla, adaptándose en cada momento a las características de la conversación:

♦ Resulta fundamental hablar **lentamente** cuando queramos que el usuario retenga bien una determinada información.

♦ **Se debe variar** en un determinado momento **la velocidad del habla** para enfatizar una idea, o captar más la atención del interlocutor ante lo que se dice.

♦ Intentar **adaptar la velocidad de la conversación** a las características (edad, nivel cultural, etc.) del usuario.

C.- Hablando con nitidez y articulando bien las palabras:

♦ Una buena articulación se logra abriendo bien la boca.

♦ Procurar no evitar decir algunas palabras o frases al dar por hecho que el usuario debe conocerlas.

♦ Es recomendable hablar a unos tres centímetros de distancia del auricular.

Por la voz, el usuario percibe si...

- ♦Estamos escuchando atentamente y con interés.
- ♦Somos sinceros con él.

2.- ¿CÓMO UTILIZAR EL LENGUAJE POR TELÉFONO?

"El éxito de una conversación telefónica depende en gran medida de la elección de las palabras que utilicemos".

- ♦El **vocabulario** ha de ser fresco y actual, pero nunca vulgar.
- ♦Utilizar preferentemente el tiempo presente.

"Tiene usted la cita para mañana a las seis"

- ♦El **estilo** adoptado debe ser **en positivo**.

"Puedo informarle un poco más tarde, ya que entonces dispondré de la lista".

- ♦Usar siempre **palabras del lenguaje común.**
- ♦Hay una serie de **palabras "comodín"** que pueden ser utilizadas cuando se preste la ocasión para referirnos a los servicios y prestaciones del Servicio de Salud:

- ▪Seguridad
- ▪Eficaz
- ▪ Prestigio
- ▪Estudiado
- ▪Analizado
- ▪Personalizado
- ▪Necesario
- ▪Nuevo
- ▪Rapidez
- ▪Calidad
- ▪Beneficio

♦Hay una serie de **palabras y expresiones que deben evitarse:**

- **Las expresiones negativas**: *"No, es imposible".*
- **Fórmulas agresivas**: *"No, eso en absoluto".*
- **Frases de relleno**: *"Eventualmente", "tenga paciencia".*
- **Las expresiones personales**: *"Está usted equivocado".*
- **Los tecnicismos**: *"Le van a hacer una RNM".*
- **Expresiones que denoten inseguridad**: *"No sé si podremos".*

3.- DOS ELEMENTOS ESENCIALES: LA SONRISA Y EL SILENCIO.

"La sonrisa es un elemento fundamental para lograr la personalización del contacto telefónico."

Hay que aprender a "sonreír por teléfono". Cuando sonreímos la voz suena más atrayente, lo cual permite empatizar con el usuario, obteniendo mejores resultados de la conversación telefónica.

"El contacto telefónico puede llegar a ser muy frío e impersonal. Por ello debemos humanizar este contacto".

Los momentos de silencio servirán para:

♦Transmitir una actitud de escucha activa, indicando al interlocutor que estamos cerca de él, pero sin interrumpirle.

♦ Obtener mayor información acerca de las ideas principales o de aquellas que resultan más importantes para el usuario.

4.- DIEZ REGLAS DE ORO PARA ATENDER CORRECTAMENTE EL TELÉFONO.

1.- No dejar que el teléfono suene más de tres veces. Debemos responder rápidamente si estamos disponibles; en caso contrario, pasaremos la llamada a un compañero o anotaremos el número del usuario, devolviendo la llamada a la mayor brevedad posible.

2.- Contestaremos siempre saludando, identificando el servicio y ofreciendo colaboración.

"Centro de Salud..., buenos días, ¿en que puedo ayudarle?"

3.- Adoptaremos una postura adecuada y sonreiremos cuando la ocasión se preste.

4.- Nos centraremos en la llamada, cesando toda actividad y escuchando activamente.

"Le escucho, dígame sus datos que voy tomando nota".

5.- Tendremos a mano todos los útiles e instrumentos necesarios para resolver las llamadas.

6.- Hablar despacio, otorgando al usuario un trato personalizado y amable.

"María, es importante que el día que acuda usted a la consulta traiga el documento de derivación".

7.- Proporcionar una información concreta y breve sobre el tema.

"Recuerde, el martes a las 6; la consulta está en la 2ª planta".

8.- Mostrar seguridad, interés y capacidad resolutiva.

"No se preocupe, desde aquí se lo gestionamos".

9.- Si necesitamos recabar información sobre el tema, nunca debemos dejar esperando más de un minuto al usuario.

"Voy a consultar un momento y si no puedo ponerme en contacto ahora con el médico, me deja su teléfono y al final de la mañana le llamo."

10.- Finalizar la llamada resumiendo la acción concreta a llevar a cabo o la información exacta requerida, con una despedida cortés y dejando que sea el usuario el que cuelgue.

"Y, como le he dicho, tiene que acudir con el informe de alta a las 9.30, ¿de acuerdo?, adiós.

Protocolos para lograr una comunicación eficaz con los usuarios en situaciones habituales:

LA COMUNICACIÓN ESCRITA

En muchas ocasiones el Sistema Sanitario se comunica con los usuarios a través de una carta, de impresos, de folletos o incluso mediante carteles y pósters.

Las siguientes recomendaciones contribuyen a potenciar la efectividad de un mensaje escrito:

- Los mensajes deben ser cortos y simples
- Deben comenzar por una frase que sea impactante
- Hay que repetir la idea principal
- Utilizar mensajes positivos más que negativos
- Transmitir una sola idea por párrafo
- Poner ejemplos para clarificar las ideas
- Evitar frases complejas
- Emplear frases cortas
- No utilizar vocabulario especializado o palabras técnicas
- Procurar no utilizar palabras con más de 3 sílabas
- Evitar las abreviaturas y las siglas

Además, en el caso de carteles o pósters, si se utilizan imágenes dibujos, éstos deben reforzar el texto. Es eficaz utilizar un eslogan.

En el caso de una carta, hay que recordar que el primer párrafo y el último son los que más se leen y los que más se recuerdan. El primer párrafo debe llamar la atención y crear la necesidad de seguir leyendo.

El último debe resumir el contenido del escrito.

Un ejemplo:

"Al objeto de establecer los criterios que han de prevalecer en la comunicación con los usuarios, es de obligado cumplimiento la observancia de los contenidos, habida cuenta de la competencia administrativa de los propios actos y de sus consecuencias temporales de carácter tanto inmediato como diferido. Todo ello sin menoscabo de la relación binomial "Administración-ciudadano", que puede conllevar el temor imperativo del léxico empleado -sobre todo en la comunicación epistolar-, ya que la cordialidad no debe entrar en frontal colisión con la obligatoriedad del ejercicio del deber que, por norma, tenemos atribuida".

El contenido del párrafo anterior se ha exagerado como ejemplo ilustrativo que indica cómo debemos de cambiar radicalmente el estilo administrativo tradicional por otro más claro y sencillo. Hay que tener presente que, en la comunicación escrita, lo leído no puede aclararse ni ampliarse por el autor, o al menos no en el momento que se desee.

Protocolos para lograr una comunicación eficaz con los usuarios en situaciones difíciles:

CÓMO EXPLICAR AL USUARIO LAS DEMORAS EN LA ATENCIÓN

Las demoras son un elemento inherente al funcionamiento de cualquier servicio y los servicios sanitarios no son una excepción. Las demandas que continuamente plantean los usuarios son tantas y de tan diversa índole, (asistenciales, de información, educativas, administrativas, etc.), que sería utópico pensar que todas pueden ser resueltas en el acto. Asumiendo por tanto la existencia de demoras, hay que trabajar para gestionar cualquier demanda tratando siempre de minimizar el tiempo de espera, y ello sin que se vea afectada la calidad del servicio y producto que generamos.

1.- ¿QUÉ ENTENDEMOS POR **DEMORA**?

Podemos definir la demora desde dos puntos de vista: objetivo si el punto de mira lo situamos en el servicio, y subjetivo cuando el punto de mira se sitúa en el usuario.

♦ *La demora vista desde los servicios*: es el tiempo que transcurre desde que un usuario plantea una demanda al sistema sanitario hasta que dicha demanda es resuelta.

Objetivamente, es decir, desde el punto de vista de los servicios las demoras son medibles, comprobables y comparables entre unos

Centros y otros y para unos usuarios y otros.

"A fecha de hoy la demora para primeras consultas en el Servicio de

Ginecología de este hospital es de quince días".

"En los Centros de Salud de nuestro Área la demora media para obtener un cambio de médico es de doce días".

♦ *La demora desde la perspectiva de los usuarios*: es el desfase de tiempo existente entre las expectativas que se ha creado el usuario respecto al momento en que su demanda va a ser resuelta (tiempo esperado de resolución) y el tiempo que en realidad el servicio tarda en hacer frente a su demanda o problema (tiempo real de resolución)

"Pensaba que iban a tardar por lo menos un mes y en una semana me han avisado para operarme."

"Me parece un disparate que tarde quince días en verme el especialista, mi problema no puede esperar tanto"

Desde un punto de vista subjetivo las demoras no pueden ser medibles, solo podrían ser estimables encuestando personalmente a cada usuario. Tampoco pueden ser comparables. Diez días por ejemplo, puede ser un tiempo de demora aceptable para un usuario e inaceptable para otro, suponiendo incluso que ambos presenten patologías muy similares. Ambos parten de tiempos esperados diferentes. En el primer ejemplo el usuario esperaba que iban a tardar más en darle la cita (tiempo esperado de resolución alto) y se encuentra con que en realidad el tiempo real es menor y asume la demora como aceptable. En el segundo caso ocurre lo contrario, su tiempo esperado de resolución era bajo, su expectativa por tanto no se ha cumplido y asume a nivel cognitivo la demora real de quince días como inaceptable.

Hemos de tener en cuenta que un mismo individuo ubicado en un mismo servicio sanitario puede generar "tiempos esperados" distintos en función del tipo de demanda que plantee al sistema: informativa, asistencial, etc.

En cualquier caso considerar este concepto desde el punto de vista subjetivo es importante, de cara a lograr una buena gestión de las demoras, pues nos obliga a situarnos en la perspectiva psicológica del usuario.

2.- ALGUNOS EJEMPLOS CONCRETOS DE DEMORAS EN EL AMBITO DE LOS SERVICIOS SANITARIOS:

♦ Demoras en la cita previa de Medicina General y Pediatría:

Demoras superiores a 24 horas para la obtención de cita.

"En mi Centro de Salud, siempre te dan la cita para el día pero en el del barrio tardan por lo menos un par de días, por eso las urgencias siempre están de bote en bote".

♦Demora para la entrada en consulta respecto a la hora de cita previa prevista.

"Los que teníamos cita para las 9,30 hemos entrado a las 10,30."

♦Demoras para acceder a consultas de Atención Especializada:

Demora para la obtención de una primera cita con el especialista.

"Mi hijo ha recibido una carta con la cita para el especialista y hasta dentro de mes y medio no lo ven."

Demora para la entrada en consulta respecto a la hora de cita prevista o concertada.

"Nos citaron a todos a las nueve y luego resulta que nos llamaron de uno en uno, yo entré cerca de las doce, y porque hablé con la enfermera y le dije que perdía el autobús para el pueblo."

♦Demora en recibir atención ante una situación de urgencia (tanto en Atención Primaria como en Atención Especializada):

"Llegamos a urgencias a las 4 y entramos en consulta a las 5 menos cuarto".

♦Demora en procesos quirúrgicos o terapéuticos programados:

"Se suponía que lo operaban a las 8,30 y estaba en ayunas desde por la mañana, hasta las 2 no lo metieron en quirófano".

♦ Demora para la resolución de procesos administrativos y/o para el acceso a un servicio de información:

"Me han tenido con el dichoso papeleo toda la mañana dando vueltas por el centro".

"He tenido que estar en la cola media hora para que me dieran cita para el médico"

♦ Demora en la recepción de una información solicitada y/o para contactar con un servicio o profesional a través del teléfono:

"Estuve una hora llamando hasta que logré contactar con el centro y que me informaran de todo".

3.- ¿CÓMO PODEMOS GESTIONAR LAS DEMORAS?: ALGUNAS PAUTAS DE ACTUACIÓN PARA UNA MEJOR ATENCIÓN AL USUARIO:

Tras la entrada en vigor de la Ley de Garantías en Atención Sanitaria Especializada, el establecimiento de tiempos máximos de espera, ha supuesto que la perspectiva de este problema haya variado sustancialmente, tanto desde el punto de vista de los profesionales como del propio usuario.

Al ser tanta la variabilidad de situaciones de demora a las que tenemos que hacer frente, la gestión de la demora necesariamente ha de ser distinta y ajustarse a cada caso. Sin embargo existen unas pautas de actuación que conviene adoptar en cualquier caso, siempre desde la perspectiva de una mejor atención al usuario.

1. **INFORMAR DE LA DEMORA PROBABLE:** Cuando gestionemos una demanda debemos tratar de indicar al usuario el tiempo probable en que dicha demanda será resuelta. La información deberá darse de forma clara y precisa, y argumentando el porqué en cada caso.

Mediante dicha información estaremos ajustando el tiempo esperado de resolución (expectativa previa del usuario) al tiempo real de demora.

"Menos mal que me ha dicho usted que hasta después del verano no me llaman, porque si no, nos quedamos aquí toda la familia pendientes de la intervención".

En ocasiones los usuarios reaccionarán de forma negativa. El profesional deberá estar preparado para hacer frente a estas reacciones: escuchar, empatizar y no entrar en conflicto constituyen tres reglas de oro en estos casos.

Usuario:

"Es inaceptable que el especialista no me vea hasta dentro de dos meses, ¿quién me asegura a mí que no me voy a poner peor?.

Profesional:

"Comprendo su inquietud, no obstante esa es la lista de espera que existe en este momento en el servicio y piense que si su proceso se agravase en este periodo, le atenderían con carácter urgente".

2. COMUNICAR VIAS OPCIONALES QUE ALIVIEN LA DEMORA: A veces es posible utilizar vías opcionales que disminuyan la demora prevista para resolver una demanda. Cuando esto ocurre y máxime si la demora ha sido subjetivamente percibida por el usuario como considerable, debemos comunicar cuales son estas vías, informando de los tiempos máximos establecidos en la Ley de Garantías en Atención

Sanitaria Especializada. Algunos ejemplos son los siguientes:

♦Libre elección de médico general y pediatra ante demoras en consultas a demanda de Atención Primaria.

♦Libre elección de especialista ante demoras en consultas de

Atención Especializada.

♦ Libre elección de Hospital para Intervenciones quirúrgicas.

♦Horario en el que existe menor demanda y por tanto el acceso personal y telefónico a los Servicios de Información, cita previa,

etc. es más rápido.

3. INFORMAR SOBRE LOS MECANISMOS EXISTENTES PARA

RECLAMAR UNA DEMORA: Cuando, tras haber sido informado de la demora probable y en algunos casos de las vías alternativas para disminuir la demora, el usuario decide que la misma no es asumible, atendiendo a lo que manifieste en cada caso, deberemos: ☐☐Informarle de los pasos a seguir si desea presentar una reclamación.

♦Indicarle cual es el responsable del servicio que gestiona su demanda por si desea comunicarle su queja de forma oral.

♦Informarle sobre como acceder a la Oficina Provincial de

Prestaciones o al Servicio de Atención al Usuario para recibir más información e intentar agilizar el proceso.

Protocolos para lograr una comunicación eficaz con los usuarios en situaciones difíciles

QUÉ HACER ANTE UNA DESPROGRAMACIÓN

Cuando se produce una situación imprevista ante la que tenemos que desprogramar alguna actividad prevista por el servicio, unidad o centro, hemos de ser sensibles a la visión y trastornos que causa en el usuario y tratar de:

- informar de los motivos
- garantizar una alternativa
- minimizar las consecuencias

Desprogramaciones.

Son aquellas situaciones en las que por motivos de ajuste de agenda, de acontecimientos inevitables o de cambios en los planes establecidos, hay que anular una información dada al usuario con anterioridad.

Estas situaciones alteran y perturban la vida del paciente y de sus familiares, (sobre todo si se tienen muchas expectativas en esa cita).

Por ello, además de poner las medidas para que no vuelvan a suceder, tenemos que preocuparnos de minimizar las consecuencias.

Ser la persona que informa de una desprogramación genera ansiedad y angustia ya que, en muchas ocasiones, nos vemos expuestos a críticas de las que no somos directamente responsables. Lo mejor es que este profesional se prepare para ello, poniéndose en el lugar del usuario y planteando una alternativa o negociando un acuerdo. Esta postura facilitará la comunicación en esta situación difícil.

¿QUÉ HACER?

Ponernos en contacto con el interesado personalmente bien por vía telefónica o por carta. Si es posible, procurar utilizar las dos vías.

Primero utilizar la vía telefónica y una vez acordada una solución convenida también por el usuario, enviar un escrito que confirme la alternativa planteada.

El contacto directo favorecerá:

- pedir disculpas
- aclarar la situación que se ofrece como alternativa
- informar de los motivos por los que se produce esta situación (si procede)
- asumir la crítica
- escuchar y comprender los sentimientos del usuario

Ante acontecimientos de este tipo, siempre se debe ofrecer una alternativa que convenga al usuario y que satisfaga las necesidades e intereses del mismo.

Esta alternativa debe ser:

- una propuesta real, (no puede desprogramarse una cita si no se ofrece otra real).
- la solución debe ser lo más parecida o cercana a la situación que se anula y si es posible anterior a la planeada.
- en caso de que el usuario plantee inconvenientes a la alternativa propuesta, se debe negociar con él la solución definitiva, dando prioridad a sus deseos y necesidades.

Mensajes que se pueden utilizar:

"Sentimos comunicarle que por... (exponer los motivos) ...nos vemos obligados a desprogramar la cita que ya tenía concertada".

"Lamentamos que se haya producido esta situación".

"Hemos estudiado su caso y le ofrecemos la/s siguiente/s posibilidad/es.... de cara a no entorpecer y dilatar en el tiempo su consulta..."

"Le agradecemos su colaboración y esperamos que esta situación no se vuelva a producir".

"Si esta alternativa no es de su agrado, infórmenos de su propuesta".

"Muchas gracias.

En estas circunstancias es muy importante evitar responder ante un posible "ataque" del usuario.

Procure evitar expresiones de este tipo:

"Yo no tengo la culpa de nada"

"El que tiene la culpa es..."

"Esto no lo he organizado yo..."

"A mí que me cuenta".

Un usuario bien informado podrá comprender mejor la situación y hacerse cargo de la problemática interna de una organización

No debemos olvidar agradecer su comprensión y colaboración, y procurar que no se vuelvan a repetir circunstancias parecidas.

DESPROGRAMACIONES QUIRÚRGICAS

Se trata de operaciones o intervenciones que son suspendidas por problemas estructurales del servicio o de la organización sanitaria, perjudicando de forma clara al enfermo, (y/o a los familiares), que se han preparado para esta intervención.

Ante la comunicación de esta noticia es posible que nos encontremos con mensajes del paciente de este tipo

- "¡Esto es el colmo!"

- "¡Son ustedes unos incompetentes!"

- "¡Vaya faena!"

Ante estas situaciones lo preferible es escuchar y empatizar con el paciente o familiar, comprendiendo que estamos dando una noticia que desestructura cualquier proceso de enfermedad y que pone en marcha de nuevo los sentimientos de angustia y ansiedad frente a una situación a la que se han estado preparando con un alto grado de emotividad.

¿QUÉ HACER?

♦ Reconocer los errores y/o problemas internos de la organización.

♦ Pedir disculpas de forma asertiva.

♦ Dar una alternativa real de intervención.

♦ Negociar en caso de no encontrar consenso.

♦ Revisar las circunstancias con las que se tendrá que encontrar el enfermo/a y buscar soluciones operativas que disminuyan el trastorno ocasionado.

♦ Facilitarle un café o algún alimento, pues es posible que esa persona este en ayunas.

♦ Ofrecerse para comunicarse con un familiar si lo estima necesario.

♦ Revisar que esta situación no se repita frecuentemente.

Mensajes que se pueden utilizar:

Recordar los anotados en el apartado anterior. Estos mismos pueden ser válidos.

Otros mensajes que pueden apoyar esta situación pueden ser:

"De verdad que lamentamos que esta situación se haya producido".

"El motivo de anular esta intervención se debe a... (recordar que mientras más información tenga el paciente más fácilmente nos comprenderá).

"Le proponemos la siguiente alternativa..."

"Si lo desea puedo hablar con algún familiar".

"Todo el equipo quirúrgico siente que usted se vea afectado por esta situación".

"Le pedimos disculpas en nombre de todos los profesionales que tenían que atenderle".

Protocolos para lograr una comunicación eficaz con los usuarios en situaciones difíciles:

CÓMO DAR MALAS NOTICIAS

Esta es una circunstancia que se produce con cierta frecuencia en la relación con los usuarios y familiares. Es un momento especialmente difícil y que se recuerda durante mucho tiempo. Si a pesar de toda la comunicación fue positiva y eficaz, se obtendrá el reconocimiento del paciente y la satisfacción personal de haber actuado de la forma más profesional.

Generalmente tenemos miedo a dar una mala noticia, porque no hemos recibido ninguna formación en la materia. Asimismo, la ausencia de una formación que explique como hacer frente a reacciones de pena, disgusto, cólera o desesperación, hace que el personal sanitario, tenga dificultad en las entrevistas que puedan desencadenar reacciones de este tipo.

El objetivo de este protocolo es describir unas pautas a seguir por cualquier profesional que se encuentre en esta circunstancia y que facilitarán que la comunicación de una mala noticia se realice con los menores efectos negativos para el paciente. Además, este protocolo de comunicación contribuirá a que el paciente o el familiar acepten mejor la situación.

Pensemos en cualquier circunstancia que suponga la comunicación de una mala noticia a un paciente o a un familiar del mismo, no sólo la comunicación de una muerte o de un diagnóstico temido, sino cualquier otra circunstancia que pueda ser vivida por el usuario como un mal.

A continuación describimos unas pautas generales, que pueden ser utilizadas por distintos profesionales.

♦En primer lugar hay que señalar que el **contexto** donde se da la mala noticia es muy importante. Es deseable siempre dar las malas noticias cara a cara, en un lugar tranquilo, silencioso, privado, cómodo, y distendido, que ofrezca sensación de seguridad. Aunque no siempre podemos disponer de un lugar adecuado, sí que podemos elegir entre todos los posibles el mejor (que no sea en un pasillo, no delante de otras personas, no por teléfono...).

♦**La expresión de la cara y el tono de voz**, han de ser coherentes con la magnitud o gravedad del problema. Recordar la importancia de la mirada en la comunicación: transmite firmeza y seguridad en lo que se dice y, a la vez, es un mecanismo que hace ver a la otra persona nuestro interés por ella. La mirada acompaña y protege en los momentos difíciles.

♦**Preparar**. Esta fase es muy importante. Ayuda a la persona a aceptar el problema. Es necesario garantizar un tiempo para que se produzca la adaptación, que puede variar en función de la magnitud del problema y de la persona. En general, todas las personas necesitan de esta fase de preparación.

- *"Estamos intentando resolver su problema, pero es complicado. En cuanto sepa algo más le avisaremos"*
- *"Sentimos no poder darle buenas noticias"*
- *"Estamos haciendo todo lo posible. La situación es difícil"*

Pedir a la persona que nos acompañe a un lugar privado porque tenemos que hablar con tranquilidad, es una forma de preparar y de darle tiempo para que asuma más fácilmente la mala noticia.

♦**Informar**. Utilizar un lenguaje claro y sencillo. En ocasiones, se tiende a pensar que las verdades a medias son mejores. En absoluto. Hay que asegurarse de que lo ha entendido correctamente y responder a las preguntas que nos haga el paciente o el familiar. Estimular sus preguntas.

- *"No sé si me he explicado bien"*
- *"Quizás haya más cosas que quiera usted saber"*
- *"No sé si quiere usted hacer algunas preguntas"*

Transmitir pocas ideas, claras y sencillas, y repitiéndolas hasta que se haya entendido.

♦**Esperar.** Es importante tener en cuenta que en momentos de gran tensión emocional, la capacidad de comprensión de la persona está muy limitada. Incluso puede producirse un bloqueo emocional, (la persona no es capaz de responder a estímulos exteriores). En este caso, no hay que insistir en dar información, sino esperar y acompañar, hasta que la persona pregunte.

Recordar que en muchos de estos momentos sobran las palabras yes suficiente con la compañía.

♦**Escuchar.** No dar consejos, no hablar para rellenar el silencio. Esperar y responder a las preguntas que nos hagan. En todo caso, como se ha dicho antes estimular algunas preguntas.

♦**Cuidado con los excesos de empatía**: Por ejemplo: *"Comprendo perfectamente lo que siente"*, porque pueden generar reacciones de

"¡Usted qué va a saber lo que yo estoy pasando!". Son preferibles fórmulas más "neutras", del tipo: *"Me imagino que debe ser muy duro"*.

♦**Ofrecer ayuda**. Comunicar de posibles alternativas u opciones.

Informar de los trámites a seguir y facilitar el nombre y las referencias de una persona de contacto.

Protocolos para lograr una comunicación eficaz con los usuarios en situaciones difíciles:

CÓMO ACTUAR ANTE UNA RECLAMACIÓN

Una queja es igual a una **OPORTUNIDAD DE MEJORA**. Cuando un usuario insatisfecho, se dirige a nosotros para efectuar una reclamación, está colaborando con el sistema, ya que nos permite identificar problemas y efectuar propuestas de mejora de un servicio.

Por ello debemos prestar una **ATENCIÓN PERSONALIZADA**.

1. Transmitiremos confianza y seguridad, haciéndole saber al usuario que está en buenas manos, que deseamos ayudarle y sabemos cómo hacerlo.

2. Recibiremos amablemente, y mantendremos la tranquilidad.

3. Escucharemos activamente para descubrir cual es el verdadero motivo de la reclamación, evitando adoptar una postura "a la defensiva" y poniéndonos en el lugar del usuario.

4. Realizaremos preguntas abiertas y cerradas para recopilar información, delimitando el problema.

5. Confirmaremos y verificaremos con el usuario que hemos comprendido el motivo de su reclamación. Para ello resumiremos, situando la gravedad del asunto en su justa medida.

6. Pediremos disculpas. Si hay una verdadera explicación (no una justificación), debemos ofrecerla.

7. Lo más importante es buscar la forma de resolver el problema, si está en nuestra mano, o derivarlo a la persona competente.

SI SE TRATA DE UN ERROR, DEBEREMOS:

- **Reconocer** el error, (aunque no sea culpa nuestra), enfrentandolo con calma y seguridad.
- **Anticiparnos,** si es posible, y contactar con el usuario; no esperar a que se dé cuenta de que ha habido un error.
- **Adoptaremos** una actitud competente; no se trata de "rasgarse las vestiduras", ni de hablar desde una posición de superioridad.
- **Escuchar**, no responder a las provocaciones; es más práctico mantener la calma e ignorar sistemáticamente los posibles ataques.
- **Pediremos disculpas,** ofreciendo una buena explicación.

♦**Tomaremos las medidas necesarias** para evitar que en lo sucesivo se repita el mismo error, si fuera evitable.

♦Si es posible haremos un esfuerzo para ofrecer al usuario una **compensación** justa.

♦**Daremos las gracias** al usuario, por la oportunidad de mejorar el servicio que nos brinda al presentar su reclamación.

Protocolos para lograr una comunicación eficaz con los usuarios en situaciones difíciles:

CÓMO RECIBIR UNA CRÍTICA

En ocasiones, los usuarios realizan críticas contra el servicio o contra nuestra persona. Unas veces las críticas son ciertas, otras no. ¿Cómo actuar ante ellas?. Es en estos momentos cuando la imagen del profesional, del Centro y del Servicio de Salud puede salir reforzada, o todo lo contrario; depende de la calidad de la respuesta y de las habilidades para hacerlo.

Veamos las pautas a seguir en las distintas circunstancias:

1. La crítica que realiza el usuario es CIERTA, pero nosotros no somos responsables del error o del problema.

- *"¡Llevo horas esperando a que me vean!"*
- *"¡Han perdido mi historia y no aparece!"*
- *"¡Cada vez que vengo me dicen una cosa diferente. A ver si se aclaran!"*

Ante estas circunstancias lo primero es ser conscientes de que la irritación o la queja del usuario no de dirigen contra nuestra persona, sino contra la organización en abstracto, que se ha equivocado con él.

Si nos ponemos en su lugar, entenderemos mejor su actitud.

¿QUÉ HACER?

♦**Escuchar activamente**, dando sensación de escucha. (Es muy importante el papel de la mirada).

♦En cuanto nos enteremos del problema, resumirlo, **ratificar la comprensión** *("Veamos si me he enterado bien: el problema que usted me cuenta es que...")* y pasar a las posibles soluciones (no dejar que el usuario insista y le siga dando vueltas).

♦**No defenderse ni defender a la institución.** No perder tiempo intentando demostrarle que nosotros no tenemos la culpa. Para el usuario lo importante es la solución o la explicación al problema que plantea.

♦**Pasar a las soluciones.** A partir de aquí, pueden ser útiles dos estrategias diferentes:

En primer lugar, pedir opinión *"¿Y usted qué sugiere que hagamos?"; "¿Cómo piensa usted que podríamos resolver este problema?".* Si el usuario propone alguna de las soluciones que teníamos previstas, tendrá un efecto más satisfactorio que si las proponemos nosotros. El riesgo está en que apunte soluciones que no podemos dar.

Ante esto, podemos utilizar la segunda estrategia. Consiste en **ofrecer una posible solución o explicación al problema, utilizando una fórmula asertiva** para hacerlo:

- *"Siento que haya tenido que esperar. La verdad es que hay muchos enfermos y, a pesar de ello, a cada uno se le dedica el tiempo suficiente.*

Pero lo importante ahora es que usted se encuentre cómodo mientras espera y que, si necesita algo, o tiene alguna duda, pregunte al personal de información. Si todo va bien, en aproximadamente 20 minutos más será atendido. Gracias por todo."

O en el caso de la pérdida de la historia clínica:

- *"Sentimos que se haya producido este problema. No suele ocurrir, y de todas formas seguimos buscándola. Ahora, lo importante es que el médico le vea, y con su ayuda, reconstruya los datos más importantes de su historial. Le agradecemos mucho su comprensión y su ayuda. Y le aseguramos que se pondrán todos los medios para que esto no vuelva a ocurrir."*

♦Si el usuario no quiere aceptar la solución o explicación, **utilizar la técnica del disco rayado**: repetir el mensaje, sin alterarse, sin responder a los posibles ataques personales, ni a la irritación de la persona, sin cambiar de tema.

- *"Entiendo todo el transtorno que esto provoca y de veras lo sentimos. Sin embargo, lo único que podemos hacer es intentar reconstruir los datos más importantes de su historia con su ayuda."*

♦**Despedirse y agradecer la colaboración.**

♦Si está en nuestra mano, **tomar medidas para que no vuelva a ocurrir.**

2. La crítica que realiza el usuario es CIERTA y además, nosotros somos los responsables del error. ¿Cómo asumir nuestros propios errores?.

Por ejemplo, le hemos dado a una persona una información equivocada.

¿QUÉ HACER?

♦En primer lugar, **escuchar activamente.**

♦En cuanto nos enteremos bien del problema, **asumir el error.**

Cuanto antes lo hagamos, menos tiempo daremos a la persona que nos critica para seguir insistiendo.

- *"Tiene usted razón, le he indicado mal. Lo siento mucho."*

♦**Intentar compensarlo** de alguna forma. Negarnos a peticiones excesivas como forma de reparación.

- *"Voy a llamar personalmente a ese departamento para asegurarme de la dirección correcta. Permítame que se lo apunte en un papel.*

Espero que ahora no haya ningún problema. Siento mucho lo que ha sucedido. Muchas gracias por su colaboración **No responder a los ataques personales** si se producen.

Ponerse en el lugar del usuario y pensar en las veces que le habrá ocurrido algo parecido.

◆**Utilizar la técnica del disco rayado.**

◆**Despedirse y agradecer la colaboración.**

◆Tomar medidas para que **no vuelva a ocurrir.**

3. Una tercera posibilidad ocurre cuando la crítica que realiza el usuario NO ES CIERTA.

¿QUÉ HACER?

◆ En primer lugar, y como siempre, **escuchar activamente** hasta enterarnos bien del problema que plantea esa persona. No anticiparnos y no presuponer lo que va a decir (esto puede hacer que nos equivoquemos y que perdamos credibilidad ante el paciente).

◆Una vez entendido y comprobado que **no tiene la razón**, hay que **decírselo**, utilizando un estilo de comunicación asertivo, es decir, con firmeza y con respeto.

- *"Entiendo que usted lo vea de esa forma, sin embargo yo, (o nosotros), no lo vemos así. (Explicar brevemente el tema)."*

◆ Utilizar la técnica del **disco rayado.**

◆Emplear **explicaciones breves y repetitivas.**

◆**No salirse del tema.**

◆**No responder** a los ataques personales o a otras críticas.

◆Intentar **cortar rápidamente,** ofreciendo alguna posible solución o alternativa.

◆**Despedirse y agradecer la colaboración.**

Protocolos para lograr una comunicación eficaz con los usuarios en situaciones difíciles:

CÓMO HACER UNA CRÍTICA

¿Cómo decirle a un paciente o a un familiar que su actitud o su comportamiento no son adecuados?

El objetivo de la comunicación eficaz en estas circunstancias es que lo que digamos sirva para modificar esa actitud o comportamiento y que además la imagen del profesional y de la institución salga reforzada porque se ha hecho con respeto y con profesionalidad.

Podemos llamar a este protocolo "cómo hacer críticas constructivas".

Veamos las pautas a seguir.

◆**Elegir el momento adecuado.**
◆Si queremos hacer varias críticas, **ir de una en una.** Primero abordar el problema que sea más fácil de cambiar.
◆**Empezar de forma positiva, reforzándolo.** Algo habrá que podamos reforzar, y esto hará que la crítica se acepte mejor, porque se evita la actitud defensiva de la persona a la que vamos a criticar.

Por ejemplo, vamos a criticar a una paciente el hecho de que no acuda a las citas programadas de una consulta de crónicos:

 - *"María, quería hablar con usted sobre el seguimiento de los controles. Nos conocemos desde hace años y sé que es una persona muy responsable. La verdad es que es una suerte tener pacientes como usted. No todo el mundo es así. Por esto sé que va usted a entender lo que le voy a comentar..."*

◆**Centrarse en el comportamiento o en la actitud** que queremos cambiar, no en la persona.

 - *"Desde hace unos meses no acude usted a todos los controles, como hacía antes."*

♦**No remontarse al pasado**, las críticas son más efectivas en el presente.

♦**Preguntar, pedir opinión.**

- *¿Tiene algún problema?, ¿Está cansada de venir al centro? ¿Cree que no sirve para mucho?...*

♦**Empatizar en concreto** con los problemas o dificultades planteadas.

- *"Entiendo que con todo el trabajo que tiene usted en su casa le cueste venir todos los meses al centro, sin embargo..."*

♦**Decir lo que uno piensa u opina** (si esto lo hacemos ahora, después de reforzar a la persona, de escucharla, y no de entrada, nuestra crítica se aceptará mejor, tendrá más efecto y además tendremos más argumentos para poder rebatir los argumentos que nos ha dado la propia persona al preguntarle.

- *"Sin embargo, quiero recordarle lo importante que es el control periódico. Yo sé que es un esfuerzo, pero así podremos evitar complicaciones porque las detectaremos antes de que ocurran. Hay que gastar un poco de tiempo, pero a la larga ahorraremos tiempo y problemas."*

♦**Reconocer la propia responsabilidad** si la hubiera.

- *"Quizás se lo tenía que haber dicho antes." "Quizás debería haber hablado con usted de este tema antes"*

♦**Ofrecer ayuda.**

- *"Si le parece, podemos intentar cambiar las citas que no le vengan bien, llamando unos días antes al Centro."*

♦**Pedir opinión.**

- *"¿Qué le parece? ¿Se le ocurre alguna otra solución?"*

♦**Buscar el compromiso.**

- *"Entonces quedamos en..."*

♦**Señalar las ventajas** del cambio

♦**Reforzar y agradecer.**

- *"Sabía que lo iba a entender porque es usted muy responsable. Es una satisfacción tener pacientes como usted. Le agradezco su interés y su colaboración. Seguro que todo va a ser más fácil y que va a estar muy bien controlada".*

Protocolos para lograr una comunicación eficaz con los usuarios en situaciones difíciles:

CUANDO NO ENTENDEMOS LO QUE NOS DICE EL USUARIO

Nos referimos a situaciones en las no llegamos a oír que lo expresa el usuario o no comprendemos su significado en su totalidad.

En ambos casos es conveniente pedir al usuario con toda naturalidad que repita sus mensajes. Para evitar que la persona se sienta torpe o incapacitada para expresarse, conviene responsabilizarnos de esta falta de comprensión

- *"Disculpe pero no lo he comprendido, ¿puede usted repetirme...?"*

Otra posibilidad es resumir con nuestras palabras lo que hemos entendido y plantear después nuestra duda

- *"Entiendo que lo que usted plantea es... sin embargo, lo que no entiendo es..."*

En circunstancias de este tipo sirve de poco demostrar al usuario que no se está expresando correctamente, ya que nos puede conducir a un enfrentamiento, y lo único que conseguiremos es desviarnos del asunto que estamos tratando.

Una solución útil para facilitar la comunicación en estos casos es pedir que nos ponga un ejemplo práctico de una situación concreta.

Esto nos ayudará a centrarnos en aspectos reales.

- *"Sigo sin comprender muy bien, ¿me podría poner un ejemplo?*

El hacer preguntas referentes al problema servirá también para mostrar nuestro interés por lograr una mayor comprensión y alentará al usuario a utilizar otras palabras para expresarse.

Protocolos para lograr una comunicación eficaz con los usuarios en situaciones difíciles:

CUANDO EL USUARIO NO NOS ENTIENDE

Son aquellas situaciones en las que o bien el usuario no nos oye, o no comprende el mensaje que emitimos.

En estos casos es muy importante también no ponerle en evidencia y comprobar cuál es el motivo por el que tenemos este problema.

Estas situaciones suelen vivirse de manera muy diferente, dependiendo del carácter del usuario. En el caso de usuarios tímidos, retraídos y cohibidos, vivirán estas circunstancias manifestando una conducta de huida, ocultamiento y vergüenza. Por el contrario, las personas que presentan comportamientos más agresivos, lo harán ofendiéndose y culpando a los demás de su falta de expresión.

Recordemos aquí una de las leyes fundamentales de **Paul Watzlawick**: En el proceso de comunicación lo verdadero no es lo que dice el emisor sino lo que entiende el receptor. El desconocimiento de esta ley suele ser el origen de todas las dificultades de comunicación. La responsabilidad de una correcta comunicación es del emisor.

¿QUÉ HACER?

Cuando el problema se debe a problemas de audición del usuario podemos repetir la misma información vocalizando más y elevando el tono de voz.

Si no comprende, repetiremos la idea con otras palabras.

Poner ejemplos que aclaren la idea principal.

Simplificar el mensaje. Aclarar una idea y cuando se comprenda pasar a la siguiente.

Evitar tecnicismos y palabras de difícil comprensión.

Pedirle al usuario que nos manifieste lo que ha comprendido y preguntarle exactamente lo que no entiende. Algunos mensajes de utilidad:

- "¿Me explico?
- "¿Consigo aclarar esta idea?
- "Quiero decir que..."

Protocolos para lograr una comunicación eficaz con los usuarios en situaciones difíciles:

CÓMO DECIR NO

Nuestra actitud y predisposición debe ser siempre positiva, aunque a veces es preciso decir NO a algunas de las peticiones o demandas de los usuarios. El objetivo es conseguir que entienda que no es posible acceder a su solicitud, sin que afecte a la relación y la imagen del profesional o del servicio. Para hacerlo debemos tener presente:

♦**Escuchar activamente**, personalizando la relación e identificándose para que la persona tenga un referente. Es muy importante que la persona tenga la completa seguridad de que hemos entendido su petición. De esta forma, la reacción al oír el

NO será más positiva. A veces los usuarios se enfadan ante las negativas y salen del centro diciendo: "Si me hubiera oído, no me habría dicho que no, pero estaba entretenido/a con otras cosas y no me escuchó".

Recordar la importancia de la mirada para transmitir sensación de escucha. Una persona a la que no miramos mientras nos cuenta su problema, no se sentirá escuchada.

♦**Asegurarnos con exactitud de la demanda**. Puntualizar.

-"¿Lo que usted está planteando exactamente es que...?"

♦Si la respuesta depende fundamentalmente de nosotros y no es posible acceder a la demanda, debemos **ser claros** y **explicar el porqué de nuestra negativa**. Si no depende de nosotros, informar, derivar o gestionar, indicándole que la respuesta no es de nuestra competencia, pero atendiéndole adecuadamente. **No argumentar ni justificar en exceso,** para garantizar la comprensión del mensaje.

♦**Escucharemos las réplicas** y, si fuera posible una alternativa, acceder a ella. Si no es posible, o si no se acepta, utilizar la técnica del disco rayado: repetir el mensaje hasta que se entienda y acepte.

No responder a los posibles ataques personales, ni a las posibles críticas. Recordar que tenemos derecho a no contestar a todo. Sólo repetir la negativa y las posibles alternativas.

- "Entiendo que esto sea un problema para usted, sin embargo no podemos facilitarle esta cita para hoy, porque no quedan huecos en la agenda del médico y su problema no es urgente. Sí que es posible citarle otro día, a la hora que le venga mejor. Pero para hoy no es posible la cita. La agenda está cerrada. Dígame que día le viene bien y a qué hora y le citaremos para ese día. Hoy no es posible, lo siento mucho."

♦**Estar preparados para su reacción emocional**, mostrando comprensión ante ella. Dejarle hablar, no intentar que se calle, pues esto genera agresividad. Escucharle en todo momento demostrando una escucha activa.

♦**Intentar buscar alternativas,** sobre todo dando información adecuada, sin crear falsas expectativas que favorezcan conflictos posteriores.

♦Si nos comprometemos en alguna cuestión concreta ("Ahora es imposible pero dentro de un mes..."), **ser cumplidores** de nuestro ofrecimiento. No generar falsas expectativas, que no podamos cumplir.

Debemos intentar que el usuario al que se ha dado una negativa, perciba que existen razones o normas para ello, que somos imparciales y, sobre todo, que se le ha tratado de modo correcto y con el respeto que merece.

Protocolos para lograr una comunicación eficaz con los usuarios en situaciones difíciles:

QUÉ HACER EN UNA SITUACIÓN DE AGRESIVIDAD

Una persona en una situación de agresividad necesita ser tratada de forma asertiva, para que su enfado empiece a disminuir y se pueda mantener con ella una conversación normal.

En estas circunstancias es necesario demostrar seguridad y firmeza, pero nunca intentar ponerse a la altura de la persona agresiva. La agresividad genera más agresividad. La calidad en la atención al público exige que, en ninguna circunstancia, debemos intentar frenar la agresividad con una actitud violenta o retadora. Primero, porque se ofrece una imagen de mal servicio y de poca profesionalidad y segundo, porque no sirve de mucho; es más, en muchos casos se produce más violencia.

Las pautas de actuación que se proponen seguir en estos casos hacen que la agresividad disminuya rápidamente. Para ello es necesario seguir este protocolo paso a paso:

¿QUÉ HACER?

- ♦Demostrar a la persona que entendemos su enfado.
- ♦Escuchar activamente: mantener la mirada, asentir, resumir y repetir su queja o problema.
- ♦Esperar a que disminuya la irritación. No hablar hasta que la persona empiece a tranquilizarse. Seguir preguntando, conseguir que siga hablando. De esta forma, la temperatura del enfado empezará a bajar rápidamente.
- ♦Hasta que no tengamos suficiente información, no creer que sabemos cúal es el problema y la solución.
- ♦En cuanto disminuya algo la irritación, invitar a la persona a seguir hablando en una zona privada.

- Cuando empiece a calmarse, si es posible, pedirle que se siente y sentarse con ella.
- Mantener un tono de voz calmado, e incluso, ante los gritos o tonos elevados, bajar la voz.
- Utilizar la técnica asertiva del "banco de niebla" (mostrarse de acuerdo parcialmente con los argumentos del otro).
- Mantener una posición corporal firme, sin que resulte amenazadora o prepotente, ni tampoco insegura o sumisa. Insistimos en que mantener la mirada es una señal muy potente de seguridad y de firmeza.
- Una vez que la persona se ha calmado y se han ofrecido posibles alternativas o soluciones, antes de despedirse, expresar nuestros sentimientos en relación con lo sucedido. Pedirle que en otra ocasión no se manifieste de esa forma ya que no es necesario comportarse así para ser atendido con interés y respeto.

MUY IMPORTANTE:

Si creemos que la situación "se nos va de las manos" o no conseguimos que la persona se calme, pedir ayuda. Decir al usuario que otro compañero seguirá la conversación, ya que parece que no llegamos a ningún acuerdo. Explicar al compañero brevemente la situación, para que el usuario no tenga que empezar desde el principio.

Bibliografía

Blanco, A. y Sánchez, F. (1990). Habilidades de conducta y cuidado de salud. En S. Barriga, J.M. León Rubio, M.F. Martínez y I.F. Jiménez (Eds.). Psicología de la Salud. Aportaciones desde la Psicología Social. Sevilla: Sedal.

Caballo, V. (2002). Manual de evaluación y entrenamiento de las habilidades sociales –5ª edición-. Madrid: Siglo XXI.

Cibanal, J.M. (1991). Interacción del profesional de enfermería con el paciente. Madrid: Pirámide.

Cibanal, J.M. y Arce Sánchez, M.C. (1991). La relación enfermera-paciente. Alicante: Publicaciones Universidad de Alicante.

Cibanal, J.M.; Siles González, J.; Arce, M.C.; Domínguez, J.M.; Vizcaya, F. y Gabaldón, E. (2001). La relación de ayuda es vivificante, no quema. Cul Cuid, 10, 88-99.

Cibanal, J.M.; Arce, M.C. y Carballal, M.C. (2003). Técnicas de comunicación y relación de ayuda en Ciencias de la Salud. Madrid: Harcourt-Elsevier Science.

Cuñado, A.; Gil Rodríguez, F. y García Saiz. M. (1993). Habilidades sociales de profesionales de la salud en su relación con pacientes quirúrgicos. En J.M. León Rubio y S. Barriga (Comp.). Psicología de la Salud. Sevilla: Eudema.

Gil, F. y León, J.M. (1998). Habilidades Sociales: teoría, investigación e intervención. Madrid: Síntesis.

Gil, F.; León, J.M. y Jarana, L. (Coord.) (1995). Habilidades sociales y salud. Madrid: Pirámide.

Gil, F.; Gómez Delgado, T.; León Rubio, J.M. y Ovejero, A. (1991). Entrenamiento en habilidades sociales en el marco de los servicios de salud. Sevilla: Diputación Provincial de Sevilla.

León Rubio, J.M. y Jarana, L. (1990). Habilidades sociales en el trabajo de enfermería. Madrid: FUDEN.

León Rubio, J.M. y Jarana, L. (1991). Psicología de la Salud. Aportaciones al trabajo de enfermería. Sevilla: Colegio Oficial de Enfermería.

León Rubio, J.M.; Negrillo, C.; Tirado, A.; Gómez Delgado, T.; Cantero, F.J. y Herrera, I. (1993). Entrenamiento en habilidades sociales. Un método de enseñanza-aprendizaje para desarrollar la comunicación interpersonal en el área de enfermería. En J.M. León Rubio y S. Barriga (comp.). Psicología de la Salud. Sevilla: Eudema.

León Rubio, J.M. y Jiménez Jiménez, C. (1998). Psicología de la Salud. Asesoramiento al profesional de la salud. Sevilla: Secretariado de Recursos Audiovisuales y Nuevas Tecnologías.

Los Certales, F. y Gómez, A. (1999). La comunicación con el enfermo. Alhulía.

Marín Sanchéz, M. y León Rubio, J.M. (2001). Entrenamiento en habilidades sociales. Un método de enseñanza-aprendizaje para desarrollar las habilidades de comunicación interpersonal en el área de enfermería. Psicothema, 13 (2), 247-251.

Medina, J.L. (1999). La pedagogía del cuidado: saberes y prácticas en la formación universitaria en enfermería. Barcelona: Laertes.

Ovejero, A. (1998). Las relaciones humanas. Psicología Social Teoríca y Aplicada. Madrid: Biblioteca Nueva.

Ovejero, A. (1999). Las habilidades sociales y su entrenamiento: un enfoque necesariamente psicosocial. Psicothema, 2 (2), 93-112.

Pades, A. y Ferrer, V.A. (2002). Cómo mejorar las habilidades sociales. Ejercicios prácticos para profesionales de enfermería. Granada: Grupo Editorial Universitario.

Pades Jiménez, A. (2004). Habilidades sociales en enfermería: Propuesta de un programa de intervención. Tesis doctoral. Facultad de Psicología. Universitat de les Illes Balears.

Peplau, E.H. (1993). Relaciones interpersonales en enfermería. Barcelona: Masson-Salvat.

Polaino-Lorente, A. (2000). Introducción a la modificación de conducta para profesionales de enfermería. Barcelona: PPU.

Tazón, M.P. y García Campayo, J. (2000). Relación y comunicación. Madrid: DAE colección enfermería S. XXI.

Vallés Arándiga, A. (1995). Programa de refuerzo de las habilidades sociales. Cuadernos de recuperación y refuerzo de planos psicoafectivos. Método EOS (Vols. I, II y III). Madrid: EOS.

Vallés Arándiga, A. (1995). Curso de habilidades sociales, competencia social, asertividad. Valencia: Promolibro.

Verdugo, M.A. (1997). PHS. Programa de habilidades sociales. Programas conductuales alternativos. Salamanca: Amarú ediciones.

www.ingramcontent.com/pod-product-compliance
Lightning Source LLC
Chambersburg PA
CBHW072248170526
45158CB00003BA/1031